レッツサイエンス！
科学実験 & 工作

ラボ **2**

レインボージュース・プラダンカー・風力発電装置 ほか

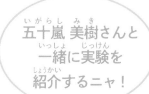

五十嵐 美樹さんと
一緒に実験を
紹介するニャ！

サイエンスエンターテイナー
五十嵐 美樹

アシスタント
ニャンコーズ

タピオカが浮く！レインボージュース ………… 6

ぽかぽか 手づくりカイロ ………… 10

暗やみで光る ふしぎな絵 ………… 14

ゴー！ゴー！プラダンカー ………… 18

炭から電気が!? 備長炭電池 ………… 23

星座ぴかぴか プチプラネタリウム ………… 26

紙皿でつくる 風力発電装置 ………… 30

塩の結晶で きらきらオーナメント ………… 34

酢でふくらむ ドキドキ風船 ………… 38

超巨大 人が入れる!? シャボン玉 ………… 42

タピオカティーでは底にしずんでいるタピオカを
ジュースの中に浮かばせることができるよ！

難易度
★★★★

使い捨てカイロを手づくりしてみよう！

難易度
★★

真っ暗な部屋で光る絵をかくよ。
暗がりに浮かび上がる光る絵はとってもきれいだよ！

難易度
★

動く車がつくれるよ。
デザインをこだわりたい人にもおすすめ！

難易度
★★★★★

炭で電池をつくれるんだ。
豆電球がぴかっと光ると感動するよ。

難易度
★★

小さなプラネタリウムをつくる工作だよ。

難易度
★★

風をあてると本当にLEDが光るよ！

難易度
★★★★★

モールに食塩の結晶をつけて、きらきらのオーナメントをつくる
実験だよ。日を追うごとに結晶が大きくなる様子を楽しめるよ！

難易度
★★★

酢で風船をふくらますことができるよ。

難易度
★

人が入れるくらい、大きなシャボン玉がつくれるよ。

難易度
★★★

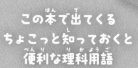

この本で出てくる ちょこっと知っておくと 便利な理科用語

磁力
磁石や鉄などと引き合った
り反発し合ったりする磁石
の力のこと。

磁界
磁力がはたらいている空間
のこと。

磁力線
磁界の様子を線で表したも
の。磁力線の間隔がせまいと
ころほど磁界が強くなる。矢
印はN極からS極へ向かう磁
界の向きを示している。

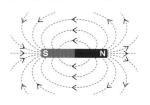

体積
もののかさのこと。縦、横、
高さからなる大きさのこと。
体積が同じでも、ものの種類
がちがうと重さはちがう。

モーター
電気のエネルギーを回転す
る力や前後に動く力に変え
るもの。

実験を始める前に

立ったままのほうが
やりやすい実験もあるニャ。
いすも片づけておくと
いいニャ！

場所を確保しよう！

・室内で行う場合は、換気ができるように、
　窓や換気扇のある部屋を選ぼう。
・実験に使うものを飲みこむおそれのある小さい子やペットなどがいない場所でやろう。
・机は広く使えるよう、必要な道具以外は片づけよう。
・燃えやすいものやよごれては困るものは、近くに置かないでね。

使うものをそろえよう！

・気づきを記録するためのノートや筆記用具、机や道具をふくための
　ぞうきんは、すべての実験で準備しておこう。
・この本で使うものは、ホームセンターやスーパー、家電量販店、
　100円ショップ、インターネットなどで買えるよ。
・道具を買いに行く前に、まずは家にないか調べよう。
・はだがあれやすい人は、どの実験でも、作業用手ぶくろを使うと安心だよ。

道具はひとつのお店だけで
全部そろわなくて、
そろえるのに時間がかかる
こともあるニャ。

道具の使い方をマスターしよう！

・カッターなどの刃物や、使ったことのない道具の使い方には気をつけよう。
　使うときは、けがをしないよう、必ず大人に見てもらってね。

もしものときに備えよう！

・実験するときは前もって大人に声をかけて、必ず立ち会ってもらおう。
・けがをしたら、すぐに近くの大人にいおう。

実験の「手順」をよく読もう！

・実験の流れを頭に入れておこう。
　あわてずに正確な実験ができるよ。

後片づけまでが実験ニャ！
実験が終わったあとのごみを
どうやって捨てるのか、
あらかじめ大人に聞いておくと
いいニャ。

博士に変身しよう！

・長い髪は結ぼう。
・動きやすくてよごれてもよい服に着がえよう。
・そでが長い服はそで口を折って、じゃまにならないようにしよう。

この本では実験がうまくいくコツも紹介しているよ。
うまくいかないときは「なぜだろう」という疑問を大切にして
「こうしてみよう」「こうしたらどうかな」と
あれこれ考えて工夫してみてね。
自分なりの仮説を立てることは、実験でとても重要だよ。

レッツサイエンス！

保護者の方へ

■お子さまが実験を行う際は、必ず保護者の方も、道具・材料・やり方にあらかじめ目を通して
　ください。

■実験の際は、最後までお子さまから目をはなさないでください。

■けがをするおそれのある道具を使用する際は、使い方をしっかり指導した上で、そばで見守り、
　難しい場合は手助けしてください。

■実験後、不要になったものは、地域の分別方法に従って処分してください。

■実験に使うものがあやまって目や口に入ることを防ぐため、顔に近づけないよう指導し、万が一
　目や口に入ってしまった場合の対処法を調べておいてください。
　また、実験に使うものを食べものとまちがえて飲みこむおそれのある、乳幼児やペットなどが
　いる場所での実験はさけてください。実験でできたものは乳幼児やペットの手の届かない場所に
　置くか、処分してください。

タピオカが浮く！
レインボージュース

タピオカティーではタピオカが底にしずんでいるね。
科学の力でタピオカを浮かべてみよう！

きれいなレインボージュースに
タピオカがプカプカ。
とっても映えるのニャ！

気をつけよう
・実験でつくったジュースは糖分がとても多いので、
飲まないでください。
・乾燥タピオカや冷凍タピオカを使用する場合は加熱が必要です。
大人の指示に従って注意して準備しましょう。

まずは準備！

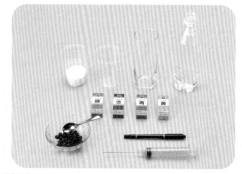

① 水　400 mL
② 砂糖　65 g
③ 好きな色の食用色素　4色
④ タピオカ
市販のタピオカティーから取り出した
タピオカを洗って水気を切っておくとよい。
⑤ 透明なプラスチック製のコップ　4個
なければガラス製でもよい。
⑥ 細長いコップ　1個
⑦ スポイト　1本　注射器型のものがよい。
⑧ スプーン　1本
⑨ 油性ペン

やってみよう！

1

ポイント
実験後も使用するコップには、油性ペンで直接かかないで、ふせんなどをはった上にかいてね。

4個のコップの表面に5 g、10 g、
20 g、30 gと油性ペンでかき、水
を100 mLずつ入れて並べる。

2

ポイント
どの色をどのコップに入れるかは自由だよ。どんな色の順番にしたいか決めてね。

4個のコップに緑・赤・青・黄の食
用色素を入れて色をつける。

③

コップにかいてある量の砂糖を入れて、スプーンでかき混ぜてしっかりと溶かす。

④

☝ ポイント

どの色の砂糖水も、注射器型スポイトの先をコップの底につけるようにして注ぐと色が混ざりにくいよ。

細長いコップに、溶かした砂糖の量が少ない色水から順番にスポイトで静かに注いでいく。

⑤

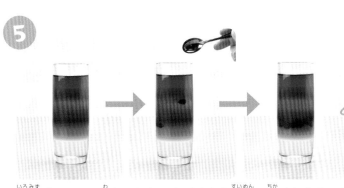

色水がきれいに分かれたら、タピオカを水面の近くからそっと入れる。20 gと10 gの砂糖を溶かした色水の境目にタピオカが浮く。

砂糖の入った色水は、そっと入れても最初は色が混ざるニャ。でも、数分で自然に分かれていくニャ。

どうしてこうなるの？

もののかさのことを「体積」といいます。砂糖水は、同じ体積でも溶かした砂糖が多いほど、質量※が大きくなります。体積あたりの質量が大きいことは、「密度が大きい」と表現します。液体は密度が大きいものは下に、密度が小さいものは上になろうとします。砂糖水を密度の小さいものから順にコップの底から入れると、そのままあまり混ざり合うことなく色の層が保たれて、レインボージュースができるのです。

次にタピオカがなぜ浮くのかですが、これには、タピオカと砂糖水の密度が関係しています。砂糖水の密度がタピオカの密度よりも小さければタピオカがしずみ、密度が大きければ浮かびます。4色の層になった砂糖水のどこかがタピオカと同じ密度のとき、タピオカはその場所にとどまります。

浮かぶ	そのまま	しずむ
砂糖水のほうがタピオカより密度が大きい。	砂糖水とタピオカの密度が同じ。	砂糖水のほうがタピオカより密度が小さい。

※質量…物体そのものの量。どの場所でも変わらない（重さは地球と月でちがい、場所によって変わる）。

手づくりカイロ

使い捨てカイロの原材料は意外と身近なものだよ。
手づくりカイロでも、本当に温かくなるのかな？

上がっていく温度を体感することが
できるニャ。自分でつくったカイロなら、
心まで温まるかもニャ。

気をつけよう

!

・鉄粉や活性炭が目や鼻に入らないように、取りあつかいには
十分注意しましょう。

・カイロは条件によって、とても熱くなることがあります。
気をつけましょう。

 まずは準備！

① 鉄粉　5g
② 粉末の活性炭　5g
③ 食塩　5g
④ 水を入れたコップ　1個
⑤ ふうとう　1枚
　幅がポリぶくろより小さいもの。
⑥ キッチンペーパー　1枚
⑦ チャックつきのポリぶくろ　1枚
　横10cm×縦14cmくらい。
⑧ はさみ

鉄粉は飛び散りやすいので、
心配な人は、めがねやマスクをつけて、
目や鼻などに入らないようにしてね。

1

👆 ポイント

ふうとうの下の部分（ふくろになっている部分）を使うよ。

ふうとうをポリぶくろに入る大きさに、はさみで切る。

2

注意！

鉄粉と活性炭が飛び散らないようにそっと入れよう。特に鉄粉はとても細かく、飛び散りやすいから気をつけてね。必要に応じてスプーンなどを使おう。

切ったふうとうに鉄粉を入れ、次に活性炭を入れる。ふうとうの口を中身が出ないようにおさえながら、前後左右にふり、よく混ぜる。

3

キッチンペーパーをふうとうに入る大きさに、はさみで切る。

4

👆 ポイント

ひたしたキッチンペーパーは食塩水がポタポタたれてこないよう軽くしぼろう。

コップの水に食塩を溶かし、食塩水をつくる。❸のキッチンペーパーを食塩水にひたす。

5

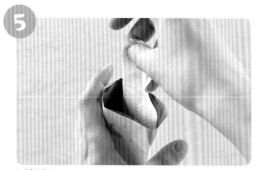

食塩水にひたしたキッチンペーパーを❷のふうとうの中へ入れる。

6

注意！

空気を入れすぎると熱くなることがあるよ。注意してあつかってね。

ポリぶくろにふうとうを入れてチャックを閉め、ふったり、もんだりすると、よく混ざって温かくなる。

あまり温かくならないときは、ポリぶくろを開けて、空気を入れてみるといいニャ！

どうしてこうなるの？

物質と酸素が結びついて反応することを「酸化」といいます。鉄は酸化するときに熱を発生させます。このしくみを利用しているのが使い捨てカイロです。水や食塩には、鉄の酸化を早めるはたらきがあります。

また、活性炭には小さな穴が無数にあり、空気中の酸素を取りこむはたらきがあります。これらの物質のはたらきを組み合わせることで鉄の酸化を進ませ、温かくしているのです。

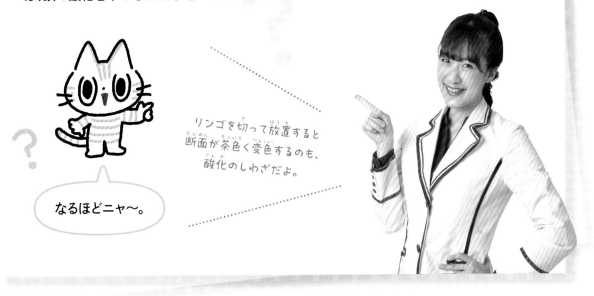

リンゴを切って放置すると断面が茶色く変色するのも、酸化のしわざだよ。

なるほどニャ〜。

鉄がさびるのは酸化じゃないの？

鉄は酸化するとさびます。しかし、ふだん見かけるさびた鉄（鉄くぎなど）は、さわっても熱くありませんね。それは、使い捨てカイロとは酸化の進み方にちがいがあるからです。鉄が自然にさびるときには、酸化はゆっくりと進んでいます。熱量が少なければすぐに外気で冷やされるので熱くならないのです。

一方、使い捨てカイロは、鉄を粉にして空気にふれやすくしたり、塩や活性炭を入れたりして、酸化が激しく進むように工夫をしています。それで熱さを感じることができるのです。

酸化は、このように進むスピードで様子がずいぶんちがいます。

暗い部屋に浮かび上がる絵。
ひみつはキャンバスにあるよ！

アイデア次第で
いろいろ楽しめるニャ！

気をつけよう

・ブラックライトは目に刺激があり、危険です。
絶対に、人に向けたり、直接見たりしないでください。

まずは準備！

① 蓄光シート　1枚
インターネットなどで買える。
写真はA2の大きさ。

② ブラックライト

昼間に実験するときは、窓にダンボールなどをはってからカーテンを閉め、できるだけ光が入らないようにするといいニャ。

やってみよう！

①

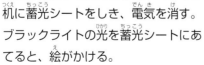 →  →

机に蓄光シートをしき、電気を消す。ブラックライトの光を蓄光シートにあてると、絵がかける。

ブラックライトをペンのかわりだと思って、光をあてるニャ。

 ポイント

雲のように一筆がきできる絵はかきやすいよ。別の絵をかくときは一度ブラックライトを消してからまたかき始めるといいよ。

どうしてこうなるの？

蓄光シートには蓄光材料という材料がふくまれています。蓄光材料は光のうち、紫外線という目に見えない光のエネルギーをたくわえ、たくわえた光のエネルギーを少しずつ放出して光ります。蛍光灯や太陽光にも紫外線はふくまれていますが、特にブ

ラックライトは多くの紫外線を出すライトです。だから、わずかな時間、蓄光シートに光をあてただけで、蓄光シートを明るく光らせることができたのです。蓄光シートは短いもので約10分、長いものでは数時間光り続けます。

文字の形に切った蓄光シートを画用紙にはり、ブラックライトをあてると文字が浮かび上がって見える。

光らなくなったら、また絵をかき直すことができるよ！

蓄光材料は電源がない場所でも発光するのでエコなんだニャ。大きな建物や地下街では、緊急時の避難ルートを教えるマークなどに使われているニャ。停電したときも蓄光材料なら光るニャ。

電池とモーターを使って、車をつくってみよう♪

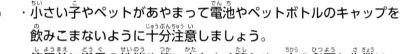
走ったらとても感動するニャ！
友だちとレースをするのも
楽しそうニャ！

気をつけよう

！

・小さい子やペットがあやまって電池やペットボトルのキャップを飲みこまないように十分注意しましょう。

・使用前に道具の性能や使い方をよく確かめ、力の必要な作業は必ず大人と一緒に行ってください。

・ニッパーで切った竹ぐしの破片が飛ぶことがあるので注意してください。

・動いているときのモーターは熱くなります。さわらないようにしましょう。
止まってからもしばらくは熱いので気をつけてください。

✂ まずは準備！

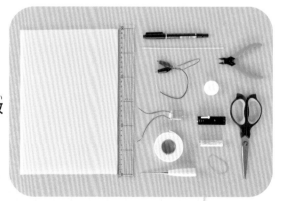

①　プラダン（プラスチックダンボール）　1枚
10 cm×20 cmに切って使う。
向きがあるので注意。

②　輪ゴム　1本

③　ニッパー

④　油性ペン

⑤　竹ぐし　2本
長さは18 cmが使いやすい。

⑥　導線つきのモーター　1個

⑦　ワニ口クリップつき導線　2本

⑧　電池ケース　1個
単3電池1本用。スイッチつき。
電圧などは使用するモーターに合わせる。

⑨　単3電池　1本

⑩　ペットボトルのキャップ　4個

⑪　はさみ

⑫　定規

⑬　強力両面テープ
ふつうの両面テープより厚めのもの。

⑭　目打ち
キャップに穴をあけるために使う。

1

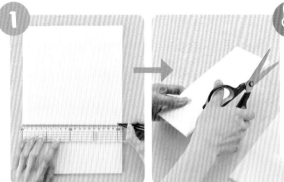

プラダンを10 cm×20 cm の大きさに切って、車のボディーをつくる。

長い辺のほうに穴が見える。

ポイント

プラダンの筋目の線を縦にして置いてから、縦10 cm、横20 cmの大きさに切ってね。そうすると下の写真のようになるよ。

2

目打ちを使って、ペットボトルのキャップの中心に穴をあける。

ポイント

先にキャップの中心に印をつけておくとやりやすいよ。穴は竹ぐしがぎりぎり通る大きさにしてね。

3

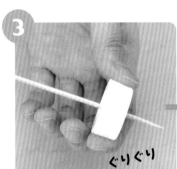

ぐりぐり

竹ぐし2本の、先がとがっているほうに、それぞれ1個ずつペットボトルのキャップをかぶせ、ぐりぐりと回しながら通す。

注意！

竹ぐしのとがっている部分は自分や人がいない方向に向けよう。

②と③と⑤は力がいるニャ。無理せず、大人にやってもらってもいいニャ！

4

ボディーの前から5 cm、後ろから5 cmくらいの位置に③の竹ぐしを通す。

5

← 5〜6 mm

④で通した竹ぐしのもう一方にもペットボトルのキャップを通す。

ポイント

ボディーとペットボトルのキャップのあいだは、車の動きをよくするために、写真のように5〜6 mmのすき間をあけておいてね。

6

注意！
切った竹ぐしが飛ぶので、竹ぐしを指でしっかりおさえて、気をつけて切ってね。

竹ぐしの余った部分をニッパーで切り落とし、キャップから出ないようにする。

7

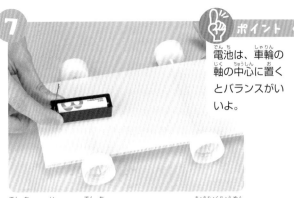

ポイント
電池は、車輪の軸の中心に置くとバランスがいいよ。

電池を入れた電池ケースのうらに強力両面テープをつけ、写真の位置にはりつける。

8

モーターの軸

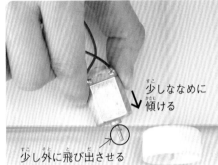

少しななめに傾ける

少し外に飛び出させる

ポイント
モーターはゴムが取れないよう、少しななめに傾けてはりつけるよ。モーターの軸は写真のようにボディーより少しだけ外に飛び出させてね。

モーターのうらに強力両面テープをつけておく。写真のように車輪の軸に輪ゴムをかけ、モーターの軸の部分にもゴムをかけてひっぱりながらボディーにはりつける。

9

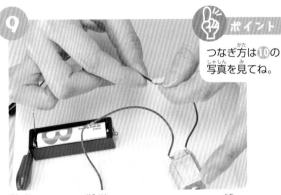

ポイント
つなぎ方は⑩の写真を見てね。

電池ケースと導線つきモーターにワニロクリップのついた導線をつなぐ。

10

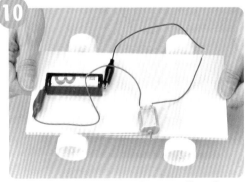

電池ケースのスイッチを入れると走り出す。

うまく走らないときは、次のページの
点検しよう を見てニャ！

プラダンカーはうまく動いたかな？
もし動かなかったら、
右の５つのことを確かめてみてね！

点検しよう

1 モーターの位置や向きを調節して、輪ゴムとペットボトルのキャップがスムーズに回る位置を見つける。

2 ボディーとペットボトルのキャップのあいだに、すき間があいているか確認。

3 ふたつのワニ口クリップ同士がくっついていないか確認。くっついているとショートする可能性がある。

4 走らせたい方向と逆方向へ走行した場合は、ふたつのワニ口クリップのはさむ場所を入れかえて、モーターの回る向きを逆にする。

5 一度スイッチを入れて後ろのペットボトルのキャップが回ることを確認してから、地面に置く。

どうしてこうなるの？

この工作ではモーター（33ページ）の軸と車輪の軸の竹ぐしに輪ゴムがかけられています。電気が流れるとモーターの軸は回転しますが、輪ゴムは表面がすべりにくいので、モーターの回転する運動に引きずられて、同じ方向に回り始めます。この動きは車輪の軸になっている竹ぐしにも伝えられて、竹ぐしにかぶせたペットボトルの

キャップの車輪も回ります。こうして、タイヤが動き、プラダンカーが動くのです。

竹ぐしが回るしくみ

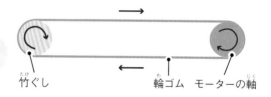

竹ぐし　　　輪ゴム　モーターの軸

この工作のような、回転する運動を伝える方法を「巻きかけ伝動」というニャ。身近なものでは自転車のタイヤを回すしくみに使われているニャ。

炭から電気が!?
備長炭電池

いろいろな発電方法があるけれど、身近なもので電気をつくれるって知ってた？

炭で電気がついたら
すごいニャ！

気をつけよう ・オキシドールは目に入らないように注意しましょう。
目に入ったときはすぐに水で洗い流しましょう。

・小さい子やペットがあやまってオキシドールを飲まないように
十分注意しましょう。

✂ まずは準備！

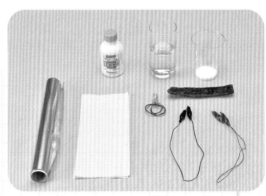

① **アルミホイル**

② **キッチンペーパー　1〜2枚**

③ **細長い備長炭　1本**
長さ10〜15 cmくらい。コップに
入る太さのものが使いやすい。

④ **100 mLの水を入れたコップ　1個**

⑤ **オキシドール　少量**
薬局などで買える。

⑥ **ワニ口クリップつき導線　2本**

⑦ **導線つき豆電球　1個**

⑧ **食塩　15 g**

🧪 やってみよう！

1

水を入れたコップに食塩を溶かし、
オキシドールを少量加える。

☝ **ポイント**

オキシドールを入れるのは、あとで備長炭と導線をつなぐときに、泡が出て電気が流れにくくなるのを防ぐためだよ。

2

キッチンペーパーは全部食塩水で湿らせてしまってだいじょうぶだよ。

備長炭の長さより2〜4cm短くなるようにキッチンペーパーを折りたたみ、食塩水にひたす。

☝ **ポイント**

よく洗って、水をふいた備長炭を❶にひたす。

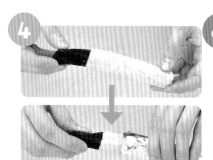

ポイント

アルミホイルは写真を参考にキッチンペーパーが1〜2cmほどはみ出るように巻きつけよう。アルミホイルと備長炭があたらないようにしてね。

❷のキッチンペーパーを❸の備長炭のはしが2〜4cmほど出るように巻く。その上から、アルミホイルを強めにしっかりと巻く。

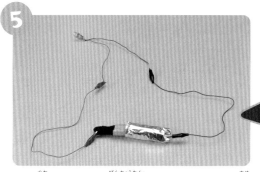

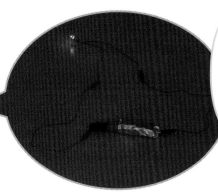

ワニ口クリップで備長炭とアルミホイル、豆電球をつなぐと、電気が流れて豆電球が光る。

光が見にくいときは部屋の電気を消してみるとよくわかるニャ。

どうしてこうなるの？

アルミホイルを食塩水につけると、アルミホイルが溶けます。アルミホイルが食塩水に溶けるとき、マイナスの電気をもった「電子」という目に見えない小さなつぶが飛び出します。一方、備長炭には小さな穴がたくさんあいていて、多くの酸素が閉じこめられています。酸素は電子を引きつける性質をもっているため、アルミホイルから飛び出した電子は導線を通って備長炭のほうに移動します。導線の中を電子が移動すると電気が流れるため豆電球が光ったのです。

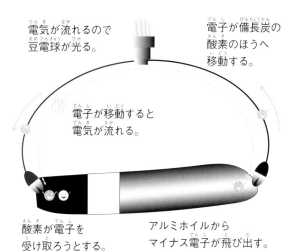

電気が流れるので豆電球が光る。

電子が備長炭の酸素のほうへ移動する。

電子が移動すると電気が流れる。

酸素が電子を受け取ろうとする。

アルミホイルからマイナス電子が飛び出す。

😊：電子　　😊：酸素　　：電気

25

星座ぴかぴか プチプラネタリウム

プラネタリウムを見たことある？
自分でつくることができたら家で上映会ができるかも!?

お気に入りの星を
みんなに見せてあげるニャ！

気をつけよう

・小さい子やペットがあやまって画びょうやミニLEDライトを飲みこまないように十分注意しましょう。

・強い光は目に刺激があり危険です。ミニLEDライトは、絶対に、直接見たり、人に向けたりしないようにしましょう。

・道具は、けがをしないように注意して使いましょう。

まずは準備！

① 紙コップ　3個
② シャープペンシル
③ 黒の画用紙　2枚
④ 黒のビニールテープ
⑤ 両面テープ
⑥ 画びょう　1個
⑦ カッター
⑧ はさみ
⑨ ミニLEDライト
⑩ 好きなシール

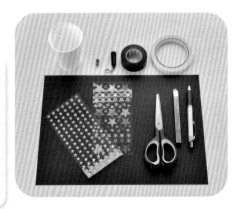

やってみよう！

① ひとつ目の紙コップの底に好きな形をシャープペンシルでかく。

② ①でかいた形に沿って、画びょうで穴をあける。

③ ふたつ目の紙コップの底にシャープペンシルでミニLEDの直径と同じくらいの大きさの×印をかきカッターで切る。

④ 3つ目の紙コップをはさみで切り、分解する。

底

側面

飲み口

⑤ 黒い画用紙に分解した紙コップの側面を置いて、シャープペンシルで形をなぞり、形に沿ってはさみで切る。同じものをもうひとつつくる。

なぞった線が
見にくいときは、
白い色えんぴつを
使うといいニャ!

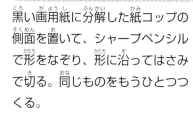

⑥ ⑤で切り取った2枚の黒い画用紙を、ひとつ目とふたつ目の紙コップの外側に両面テープではる。

ポイント
黒い画用紙は、光をもらさないためにはるよ。ていねいにはってね。

⑦ ふたつの紙コップをビニールテープでくっつける。

好きなシールでかざりつけをする。

❸で切った紙コップの×印に、光らせた状態のミニLEDライトを差しこむ。

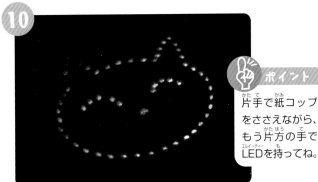

ポイント

片手で紙コップをささえながら、もう片方の手でLEDを持ってね。

机の上に黒い画用紙をしき、その画用紙に向けてミニLEDライトをつける。部屋の電気を消すと画用紙に光の絵が映る。

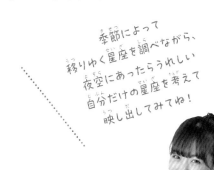

季節によって
移りゆく星座を調べながら、
夜空にあったらうれしい
自分だけの星座を考えて
映し出してみてね！

どうしてこうなるの？

今回つくったプラネタリウムは、小さなプラネタリウムで使われているピンホール式プラネタリウムをとても簡単にしたものです。紙コップに差しこんだミニLEDライトの光が、小さくあけた穴をぬけて、机の上にしいた黒い画用紙に映し出されたのです。

プラネタリウムには今回つくったピンホール式（小さな穴を開け、それを内側から照らすことで星空を投影する方式）のほかに光学式やデジタル式などがあるニャ。光学式は本当の星空のように見えるプラネタリウムなのニャ。デジタル式は星空をCG※で再現しているので、星空だけでなく宇宙の映像も見られることがあるニャ。

※CG…コンピューターを使ってえがかれた図形や画像のこと。

紙皿でつくる 風力発電装置

再生可能エネルギーのひとつ、風力。
どうやって風で電気をつくるのかな？
紙皿を使って風力発電装置をつくってみよう！

再生可能エネルギーで
発電ができるニャ！

気をつけよう

・小さい子やペットがあやまってLEDを飲みこまないように十分注意しましょう。

・紙皿を切るときに、手を切らないよう気をつけましょう。

まずは準備！

① 紙皿　1枚

② 発電用モーター　1個

③ ワニ口クリップつき導線　2本

④ 消しゴム　1個
　はさみやカッターなどで1cm角に切る。

⑤ びん　1本
　ふたやキャップつきのもの。
　高さは15〜20cmのものが使いやすい。

⑥ LED　1個

⑦ 白い紙　1枚
　紙皿よりも大きいもの。

⑧ 耐震マット　1枚
　びんのふたやキャップと同じくらいの大きさ。

⑨ はさみ

⑩ 両面テープ

⑪ カラーの油性ペン

⑫ シャープペンシル

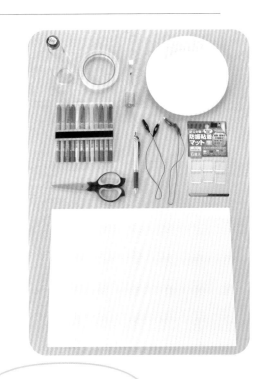

モーターは、発電用の
モーターを使うニャ。
ふつうのモーターだと
電気をつくるパワーが
足りないことがあるニャ！

やってみよう！

紙の上に紙皿をのせて、ふちをシャープペンシルでなぞり、線に沿って紙を丸く切る。

丸く切った紙を3回、半分に折る。

折った紙を写真のようにはさみで切り、羽根の型紙をつくる。

ポイント
下の写真のように紙皿を使って羽根の形をかくと、きれいなカーブになるよ。

紙皿に **3** の型紙をのせ、シャープペンシルを強めにさして紙皿の中心に印をつける。

型紙の形をシャープペンシルで紙皿に写して、線に沿ってはさみで切る。

ポイント
切った紙皿の表に絵やもようをかきたい人は、このタイミングでかいてね。

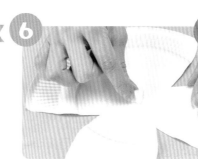

ポイント
消しゴムがはりつかないときは強力両面テープを使ってみよう。

5 の向きのまま、**4** で印をつけた紙皿の中心に両面テープで消しゴムをはる。

ポイント
羽根が回転したとき、取れてしまわないように、しっかりさしてね。奥までさしすぎると回りづらくなるから気をつけよう。

消しゴムの中心に発電用モーターの軸の部分をさす。

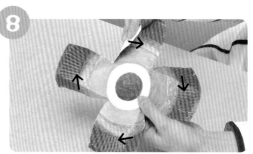

4枚の羽根すべてを、写真のように片側のみ同じ方向へ手前に折り曲げる。

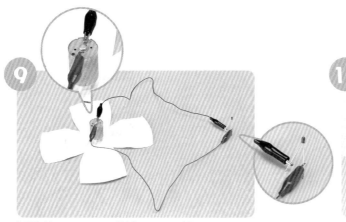

9 発電用モーターとLEDをワニ口クリップでつなぐ。

☝ **ポイント**

羽根がびんや耐震マットにぶつからないようにモーターの位置を中心より前に置くなどして調整してね。

10 びんのふたの上に耐震マットを置き、その上に **9** の発電用モーターをのせる。

11 風をあてると羽根が回りLEDが光る。

LEDが光らなかったら、LEDのプラス（足の長いほう）とマイナス（短いほう）を逆にしたり、羽根の枚数や折り曲げる角度を変えたり、風力を強めるために扇風機をあてたりしてみてね。

どうしてこうなるの？

モーターの中には回転する軸につながっているコイル※とその周りを囲む磁石があります。磁石は鉄などを引きつける力（磁力）を出しています。磁力がはたらく空間を「磁界」といい、その様子を表したのが「磁力線」です。

コイルには、コイルの周りの磁界が変化すると電気が流れる（発電する）性質があります。風力で羽根が回転するとコイルも回転し、コイルの周りの磁界が変化するため電気が流れてLEDが光るのです。右の図では磁界の変化を磁力線で表しています。

※コイル…電気の流れる線をぐるぐると巻いたもの。

モーターのしくみ

モーターには、磁石のN極とS極に囲まれた３つのコイルが入っている。コイルは羽根の回転によって回るようになっている。コイルAの回転に注目して磁界の変化を見てみよう。

↓

磁石のN極とS極のあいだで図の点線（磁力線）のように磁力がはたらく。
コイルが回転すると、コイルを通る磁力線の本数や向きが変わるため電気が流れる。

塩の結晶できらきらオーナメント

塩の結晶は家でもつくれるって知ってた？
塩の結晶をつくってみよう！

塩の結晶がついたオーナメントは
まるで宝石みたいニャ。

気をつけよう　・これからつくるオーナメントには塩の結晶をつけるので、
さびるものや、塩がついて困るものには近づけないでください。

 まずは準備！

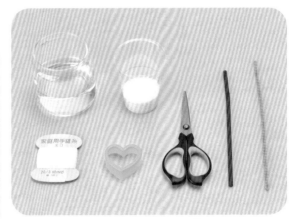

① **食塩　40 g**
水100 mLに対しての分量。

② **100 mLの水を入れた容器　1個**
コップでもよい。
容器の大きさによって水の量を調整する。

③ **ストロー　1本**

④ **はさみ**

⑤ **糸**

⑥ **型**
クッキーの型など好きな形のもの。

⑦ **好きな色のモール**

1

型にモールを巻きつけて、オーナメントを好きな数だけつくる。

2

オーナメントに糸を結びつける。

3

水の入った容器に食塩を少しずつ入れて混ぜる。溶けてなくなるまでくり返す。

4

オーナメントをストローにつるし、**3**でつくった食塩水の中に入れる。

5

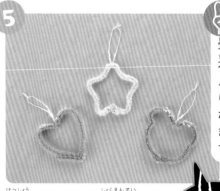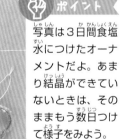

結晶ができたら、食塩水からオーナメントを取り出す。水分をティッシュペーパーなどでふき取ってかわかしたらできあがり。

どうしてこうなるの？

食塩水をそのまま置いておくと、水が少しずつ蒸発します。水に食塩がこれ以上溶けないところまで溶かして、そのまま置いておくと、水が蒸発した分、溶けきれなくなった食塩が出てきます。それが集まって固まったものが結晶です。結晶は、何かつかまるものがあれば、できやすくなります。モールのフサフサした短い毛は、つかまるのにちょうどよいので、結晶がつき、きらきらしたオーナメントになったのです。

結晶の形は、物質によってちがいます。同じ物質でも温度や保管する場所、保管の仕方などの環境で変わることがあります。環境だけでなくモールをフェルトにしたり、糸をテグスにしたりすることでも変わります。いろいろ試してめずらしい形の結晶や透明度の高い結晶などさまざまな塩の結晶を見てみましょう。

おもしろそうニャ！

塩以外で結晶をつくるなら「みょうばん」もおすすめ！みょうばんは、なすの漬物の色をきれいにしたり、いもの煮くずれを防いだりするために料理に使うのでスーパーなどで簡単に手に入るよ。

右の写真は、塩の結晶でつくられたシャンデリアだニャ。
ちなみに、雪も結晶のひとつニャ。雪は空の上の温度や水分でいろいろな形に変化する結晶で、空の上のことを教えてくれる「天からの手紙」ともいわれるニャ。

写真提供：ピクスタ

ポーランドのヴィエリチカ岩塩坑にある塩の結晶でつくられたシャンデリア。

酢でふくらむ ドキドキ風船

酢と重曹を使うと風船が勝手にふくらむよ！

風船がどんどんふくらんで
ドキドキだニャ。

気をつけよう

!

・風船から酢と重曹が泡になってふき出ることがあります。
実験後は気をつけて片づけましょう。
液体はそのままキッチンの流しに捨てても問題ありません。

まずは準備！

① 11インチの風船　1個
② 酢160 mLを入れた
　500 mLのペットボトル　1本
③ 重曹　8g
④ 油性ペン
⑤ じょうご

やってみよう！

1

ポイント

絵は風船がふくらむと色がうすくなるので、こく、太くかこう。

風船に油性ペンで、好きな絵をかく。

2

風船の口にじょうごを取りつけて、重曹を入れる。

3

注意！

風船をかぶせるとちゅうではまだ重曹がペットボトルに入らないように気をつけよう。酢と反応して中身がふき出してしまうよ。

酢を入れたペットボトルの口に、重曹を入れた風船の口を取りつける。

4

写真のように風船を起こして、中の重曹をペットボトルに入れる。

5

注意！

風船をペットボトルから外すとき、勢いよく飛んでしまうことがあるよ。取り外すときは、風船の口を指でしっかり閉じながらしんちょうに外そう。

風船がみるみるふくらんでいく。

どんどんふくらむニャ！

どうしてこうなるの？

風船がふくらんだのは、酢と重曹を混ぜたことで化学反応が起こって二酸化炭素が発生したためです。

ちなみに、酢は酸性、重曹は水に溶けるとアルカリ性を示します。酸性とアルカリ性のものは、混ぜるとたがいの性質を打ち消し合います。これを「中和反応」といいます。

混ぜるととても
危険なものもあるよ。
酢と重曹や
このページの下の
青紫の枠内で
紹介するもの以外は
混ぜないでね。

身近なものの酸性・アルカリ性

0	1	2	3		5	6	7	8	9	10	11	12	13	14

レモン　酢　トマト　　　牛乳　水　　　重曹　石けん　　漂白剤

← 酸性　　　　　　　　　　　　　　　　　アルカリ性 →

重曹には、よごれを落とすそうじ用の重曹やケーキのスポンジをふくらますベーキングパウダーにふくまれる重曹などがあるニャ。食品用の重曹を水に溶かして酢の代わりにレモンを入れても同じように二酸化炭素が発生するニャ。二酸化炭素が水に溶ければ、炭酸水になるから、砂糖を入れたらレモンソーダができるんだニャ！

超巨大 人が入れる!? シャボン玉

大きなシャボン玉を使ったショーはわくわくするね。
思いっきり大きなシャボン玉をつくって楽しんでみない？

身近な材料で
大きなシャボン玉がつくれるニャンて
感動だニャ！

気をつけよう

・小さい子やペットがあやまってシャボン玉の液にふれたり、
　飲んだりしないように十分注意しましょう。
・シャボン玉の液が鼻や口、目に入らないように注意しましょう。
　入ってしまったときはすぐに水で洗い流してください。
・実験でつくるシャボン玉の液は、絶対にストローなどの
　ふき具を使って口でふくらませないでください。口で
　ふくらませるシャボン玉の液には安全基準があります。
・シャボン玉の液の処理方法を考えておきましょう。
・外でやる場合はシャボン玉の液を必ず持ち帰りましょう。

まずは準備！

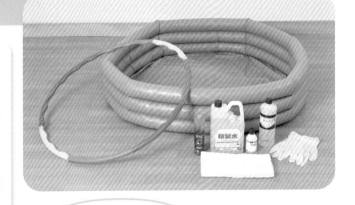

❶ **精製水　1.5 L**
　薬局で買える。

❷ **PVA洗たくのり　200 mL**

❸ **食器用洗剤　200 mL**

❹ **グリセリン　200 mL**
　薬局で買える。

❺ **フラフープ　1本**

❻ **ガーゼ　10 mくらい**

❼ **直径約1 mのビニールプール**
　フラフープが入る大きさ。

❽ **作業用手ぶくろ**
　ゴム製のもの。

プールの下に
ビニールシートを
しいておくと
シャボン玉の液が
こぼれても安心だニャ。

1

ポイント

泡を立てないように入れてね。入れ終わったら、ゆっくりとなじませるように混ぜるよ。

まず、シャボン玉の液をつくる。精製水、PVA洗たくのり、食器用洗剤、グリセリンをビニールプールに入れて混ぜ、1時間ほど置く。

2

ポイント

シャボン玉の液がよくしみこむように、少し厚めにガーゼを巻くよ。ガーゼは手ぶくろを外したほうが巻きやすいよ。

フラフープにガーゼを巻く。

3

注意！

シャボン玉の液をさわるときは、必ず作業用手ぶくろをはめてね。

ガーゼを巻いたフラフープをゆっくりとビニールプールに入れ、ガーゼにシャボン玉の液をしみこませる。

4

ポイント

フラフープはゆっくり持ち上げよう。ゆっくりすぎてもとちゅうで割れてしまうので、何度か試してコツをつかんでね。

フラフープを上にあげると大きなシャボン玉ができる。

こんな大きなシャボン玉は見たことないニャ！

どうしてこうなるの？

シャボン玉の液に入っている食器用洗剤には界面活性剤が入っています。水には下の写真の雨のしずくのように、そのままだと小さく丸くなろうとする性質がありますが、界面活性剤には水の丸くなろうとする力をおさえるはたらきがあります。だから、界面活性剤が入った水は、うすい膜をつくることができます。

PVA洗たくのりにはシャボン玉の膜の強度を高くして割れにくくする効果があります。グリセリンにはうすいシャボン玉の膜から水分が蒸発するのを防いで、膜を長もちさせる効果があります。

それぞれの性質が合わさり、大きなシャボン玉をつくることができたのです。

友だちと一緒にやってもいいね。

きれいだニャ！

界面活性剤は食器用洗剤だけじゃなくいろいろなものに使われているニャ。シャンプーやボディソープはもちろん、服に水をはじかせるはっ水加工や、はだになじみやすいクリームをつくるのにも使われているニャ。そのほかにもコンクリートを強くしたり、静電気の発生を防いだりするのにも使われているニャ。

読みたくなる「自由研究のまとめ」のコツ

ひと工夫するだけで、とってもわかりやすくなるよ。
楽しく簡単にできる 4 つのコツを紹介するね!

① 写真　どんな変化が起きたのか一目でわかるよ。位置や角度などがちがう写真を
たくさんとっておくと、あとで実験をふり返るための資料としても使えるよ。

材料や道具を撮影する

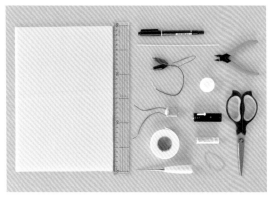

材料や道具の色や形、材質が一目でわかる。大きさも
伝えたいときは、定規など、サイズの目安になるもの
を一緒に撮影するとよい。

> 何を使ったか
> 一目でわかるニャ!

日付や時間の順に並べれば変化がわかる

> 同じ位置で撮影すると
> いいニャ!

注目してほしいところを大きく見せる

> 矢印などで指し示し
> てもいいニャ!

② **絵**　見た目では変化を伝えにくい温度や化学反応、しくみなどを伝えるときに使おう。
ポスターカラーやマーカー、色えんぴつなどいろいろな画材を使ってかき方を工夫してみよう。

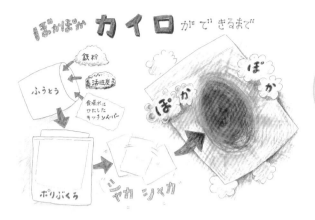

写真を参考にしてかくと
かきやすいかもニャ！

③ **グラフ**　見た目でわかるので、文章だけより実験の結果を理解しやすくなるよ。

棒グラフ
量を比べる
ときに便利。

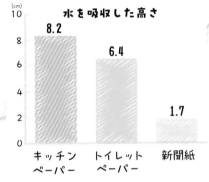

折れ線グラフ
変化の上がり
下がりを見る
ときに便利。

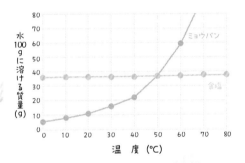

円グラフ
割合を比べる
ときに便利。

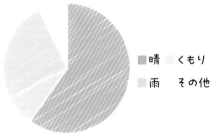

※このページのグラフは、あくまでも書き方の参考です。
実際の数値とは異なる場合があります。

④ **文字**　タイトルや見出しなどの文字のかき方を工夫して目立たせると、楽しそうに見えるよ！
いろいろな文字のかき方を本やウェブサイトで見てみてね。

ふちどりをしたり、影をつけ
たりすると立体的に見える。

星や円、四角などのイラスト
で囲む。ビーカーなど実験に
関係した絵で囲んでもよい。

レッツサイエンス！
科学実験＆工作
全2巻

A4変形判／各48ページ／
NDC432／図書館用堅牢製本

ラボ2 レインボージュース・プラダンカ
風力発電装置 ほか

ラボ1
虹色変換めがね・スーパーボール・
磁石と電池のおもちゃ ほか

● **監修　五十嵐 美樹（いがらし みき）**
サイエンスエンターテイナー。東京都市大学人間科学部特任准教授。東京大学大学院情報学環客員研究員。ジャパンGEMSセンター特任研究員。東京大学大学院修士課程および東京大学科学技術インタープリター養成プログラム修了。株式会社 ワオ・コーポレーション所属。NHK高校講座「化学基礎」レギュラー出演中。科学実験教室やサイエンスショーを全国各地の子どもたちにむけて開催、講師を務める。科学館や小学校だけでなく、商業施設や地域の祭り、寺など幅広い場所でサイエンスショーを開催し、科学の一端に子どもたちが触れるきっかけを創り続けている。日産財団「第1回リカジョ賞」準グランプリ、日本臨床工学会「第1回 Ideal CE 賞」を受賞し、「Falling Walls Science Breakthrough of the Year 2022」サイエンスエンゲージメント部門にて日本人唯一の世界の20人に選出されている。

●編集・制作　　株式会社 アルバ
●執筆　　　　　大西 光代
●デザイン　　　門司 美恵子　田島 望美
　　　　　　　　関口 栄子（チャダル）
● DTP　　　　 Studio Porto
●写真　　　　　林 均
●イラスト　　　德永 明子
●スタイリング　みつま ともこ
●校正・校閲　　株式会社 聚珍社

レッツサイエンス！
科学実験＆工作
ラボ2 レインボージュース・プラダンカー・風力発電装置 ほか

初版発行　　2023年8月

監修　　　　五十嵐 美樹
発行所　　　株式会社 金の星社
　　　　　　〒111-0056 東京都台東区小島 1-4-3
　　　　　　TEL 03-3861-1861（代表）FAX 03-3861-1507
　　　　　　振替 00100-0-64678
　　　　　　ホームページ　https://www.kinnohoshi.co.jp
印刷・製本　図書印刷 株式会社

48P 26.6cm NDC432 ISBN978-4-323-05241-0
Ⓒ Akiko Tokunaga, ARUBA Inc.,2023
Published by KIN-NO-HOSHI SHA,Tokyo,Japan